Elisabeth Hofstätter-Kollarich

Vorteile des Durchsetzfügens gegenüber dem Punktschweißen und dessen Einsatz in der Industrie

GRIN Verlag

Bibliografische Information der Deutschen Nationalbibliothek:

Die Deutsche Bibliothek verzeichnet diese Publikation in der Deutschen National-
bibliografie; detaillierte bibliografische Daten sind im Internet über http://dnb.d-
nb.de/ abrufbar.

Impressum:

Copyright © 2011 GRIN Verlag GmbH
Druck und Bindung: Books on Demand GmbH, Norderstedt Germany
ISBN: 978-3-656-53993-3

Dieses Buch bei GRIN:

http://www.grin.com/de/e-book/264207/vorteile-des-durchsetzfuegens-gegenueber-
dem-punktschweissen-und-dessen

CAMPUS 02 Fachhochschule der Wirtschaft

Studiengang Innovationsmanagement

Bachelorarbeit 1

Vorteile des Durchsetzfügens

gegenüber dem Punktschweißen und dessen Einsatz in der Industrie

Elisabeth Kollarich

Graz, April 2011

Zusammenfassung

Die vorliegende Arbeit beschäftigt sich mit der Fertigungstechnik Fügen durch Umformen, einem sogenannten Kaltumformungsverfahren. Besondere Betrachtung erfährt das Durchsetzfügen, besser bekannt als Clinchen, und dessen vielfältige Einsatzmöglichkeiten in der industriellen Fertigung. Die Vorteile dieses Fügeverfahrens, aber auch mögliche Nachteile und Anwendungshemmnisse, sind in Form eines Vergleiches mit dem Konkurrenzverfahren Punktschweißen gegenübergestellt. Dazu sind die beiden zu vergleichenden Verfahren in ihren Wesenszügen und Abläufen abgehandelt und beschrieben. Um ein grundsätzliches Verständnis für das Fügen durch Umformen zu vermitteln, wurden zusätzlich einige gängige Kaltumformungsverfahren charakterisiert. Aktuell übliche Anwendungsbeispiele und Einsatzgebiete für das Clinchen sind ebenso angeführt, wie ein Ausblick auf mögliche zukünftige Anwendungsfelder.

Abstract

The work in hand obeys busily with the production engineering by remodelling. This procedure is a cold remodelling method. A special consideration is focused on clinching and its various ranges of application in industrial production. The advantages of this jointing method and its possible disadvantages and application hindrances are compared with the competitive method spot welding. Due to this the compared two methods are treated and described in her characteristics and drains. For a better fundamental appreciation of putting by remodelling more common cold remodelling methods were characterized additionally. Currently usual working examples and fields of application for clinching are specified as well as a view of possible future application fields.

Inhaltsverzeichnis

Abbildungsverzeichnis

Tabellenverzeichnis

1 Einleitung

Das Thema dieser Arbeit ist das Clinchen im industriellen Einsatz. Es handelt sich dabei um ein Fertigungsverfahren, das auch als Durchsetzfügen bekannt ist. Clinchen findet in den letzten Jahrzehnten vermehrt Anwendung in der industriellen Fertigung und steht in direkter Konkurrenz zum Punktschweißen. Als Einleitung folgt nun eine kurze grundsätzliche Erklärung des Begriffs Fertigungsverfahren.

Fertigungsverfahren sind in der Norm DIN 8580 verankert und in sechs Hauptgruppen, wie in Abbildung 1 dargestellt, eingeteilt. Unter einem Fertigungsverfahren versteht man einen Prozess, bei dem Güter und Waren hergestellt werden. Die entstehenden Güter werden innerhalb des Prozesses wiederum aus anderen Materialen hergestellt. Die Herstellung kann sowohl manuell oder auch maschinell erfolgen. Die Norm besteht zu dem Zweck, Grundbegriffe für Fertigungsverfahren zu definieren, und eine Übersicht der Haupt- und zugeteilten Untergruppen zu schaffen.[1]

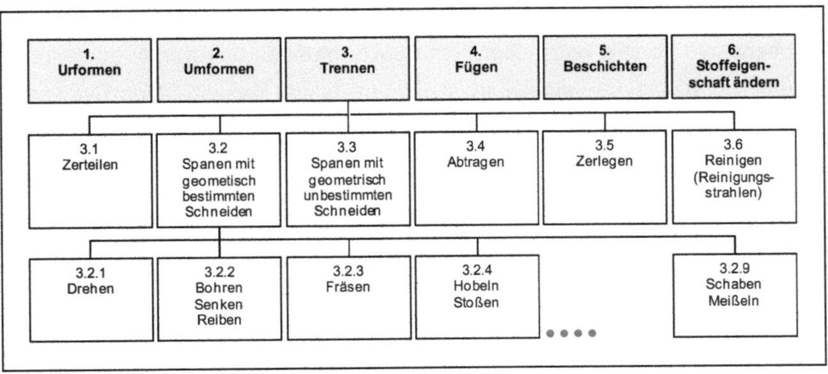

Abb. 1:   Einteilung der Fertigungsverfahren nach DIN 8580[2]

---

[1] Vgl.: Fachwissen Technik (2011): Definition des Begriffes Fertigungsverfahren. http://www.fachwissen-technik.de/verfahren/fertigungsverfahren.html [Stand: 7.04.2011].
[2] Verändert übernommen aus: Fachwissen Technik (2011): Einteilung der Fertigungsverfahren nach DIN 8580. http://www.fachwissen-technik.de/verfahren/fertigungsverfahren.html [Stand 7.04.2011].

1.1 Ziel der Arbeit

Ziel der Arbeit ist es, die Vorteile des Fügeverfahrens Clinchen gegenüber dem Punktschweißen aufzuzeigen, aber auch Anwendungshemmnisse anzusprechen. Anhand von Bespielen aus der industriellen Anwendung werden die Vorteile des Durchsetzfügens nochmals hervorgehoben und mögliche zukünftige Einsatzmöglichkeiten in der verbauenden und verarbeitenden Industrie diskutiert.

1.2 Lesergruppe

Diese Arbeit richtet sich an interessierte Personen mit technischem Grundverständnis. Im speziellen sollen Leser angesprochen werden, die sich Kenntnisse über mechanischen Fügeverfahren im industriellen Einsatz aneignen möchten, beziehungsweise im Zuge ihrer Tätigkeit mit diesen Verfahren vertraut sind, und vertiefend Informationen zum Durchsetzfügen erlangen möchten.

1.3 Aufbau der Arbeit

Um die die Vorteile des Clinchens darzulegen, werden im zweiten Kapitel das Fügeverfahren Punktschweißen und die des Fügens durch Umformen in ihren Grundzügen beschrieben. Im Hauptteil folgt eine detaillierte Beschreibung des Clinchens, die Vorteile gegenüber dem Punktschweißen und warum es dennoch Gründe gibt, die die Verbreitung als Standardverfahren hemmen. Trotzdem finden sich Beispiele für den Einsatz in der Industrie, vorwiegend im gehobenen Preissegment. Am Ende der Arbeit wird über die Wahrscheinlichkeit eines verstärkten Einsatzes des Clinchens in der verbauenden Industrie diskutiert, sowie ein möglicher Einsatz in der verarbeitenden Industrie angedacht.

2 Fügetechniken

Das Fügen gehört zu den Fertigungsverfahren und ist der Hauptgruppe vier zugeordnet. Fügen bietet ein breites Spektrum an Möglichkeiten, Teile verschiedenster Materialarten dauerhaft zusammenzuführen.

Fügen wird langläufig auch als „Verbinden" bezeichnet und beschreibt sämtliche Schweiß-, Löt- und Klebeverbindungen, sowie auch das Fügen durch Umformen. Fügen kann somit als das Zusammenbringen von zwei oder mehreren Werkstücken, geometrisch fester Form, mit oder ohne Hilfsstoff, bezeichnet werden. Dabei wird ein örtlicher, stoffschlüssiger oder form- und kraftschlüssiger, unlösbarer Zusammenhalt geschaffen, und im Ganzen vermehrt.[3]

Die einzelnen Fügeverfahren lassen sich weiteres in punktförmige (wie Nieten oder Clinchen), flächenförmige (wie Kleben oder Auftragsschweißen) und in linienförmige (gewöhnliche Schweißnaht) unterteilen.[4]

Innerhalb des Montageprozesses, der den Kernprozess von Produktionsbetrieben bildet, stellt Fügen eine Schlüsselkompetenz für die Erzeugung von Produkten mit kundenrelevanten Eigenschaften dar. Somit liegt ein Großteil der Erfolgskompetenz in der Fertigungsplanung und der Produktkonstruktion. Beide Bereiche verantworten die Auswahl des effektivsten Fügeverfahrens aufgrund der später gewünschten Festigkeit, Oberflächenbeschaffenheit, Dichtheit, Korrosionsbeständigkeit und Wirtschaftlichkeit der Verbindung.[5]

Im nächsten Schritt werden die Fügetechniken Punktschweißen und die Gruppe der Fügetechniken durch Umformen näher beleuchtet.

---

[3] Vgl.: Fritz, A. Herbert/Schulze, Günter (2010): Fertigungstechnik. 9. neu bearbeitete Auflage. Berlin/Heidelberg: Springer. S.115.
[4] Vgl.: Koether, Reinhard/Rau, Wolfgang (2008): Fertigungstechnik für Wirtschaftsingenieure. 3. aktualisierte Auflage. München: Hanser. S. 189.
[5] Vgl.: Koether, Reinhard/Rau, Wolfgang (2008): Fertigungstechnik für Wirtschaftsingenieure. S. 188.

2.1 Punktschweißen

2.1.1 Grundlagen Schweißen

Unter einer Schweißverbindung versteht man eine stoffschlüssige, unlösbare
Verbindung, die durch die Wirkung von Adhäsions- (Anhangskraft der
Grenzflächen) oder Kohäsionskräften (atomarer Zusammenhalt) zwischen
Fügeteilen, mit oder ohne Hilfsmittel, entsteht. Die dadurch erwachsende hohe
technische Zuverlässigkeit der zusammengefügten Bauteile und die Vielzahl der
unterschiedlichen Verfahren (Abbildung 2) und Einsatzmöglichkeiten, machen
Schweißen zu einem der führenden Fügeverfahren in der fertigenden Industrie.[6]

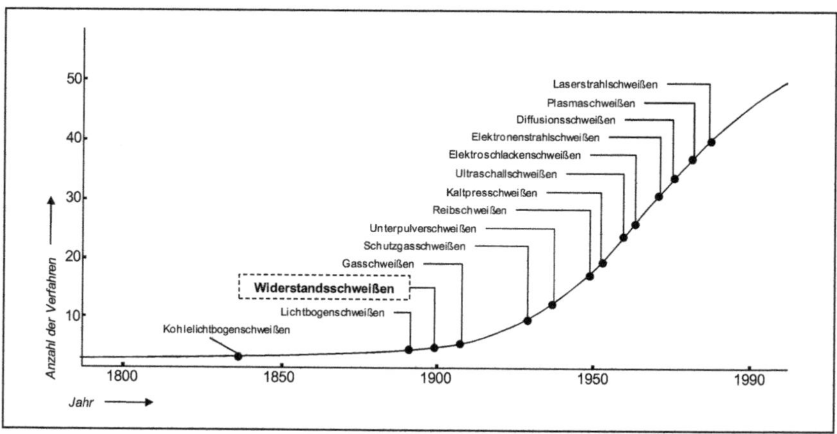

Abb. 2:   Vielfalt der Schweißverfahren im Laufe der Jahrzehnte[7]

Dem Zweck nach, lässt sich Schweißen in Verbindungs- und Auftragsschweißen,
sowie nach den Verfahrensarten, in Schmelz- (Wärmeeinwirkung) und
Pressschweißen (Krafteinwirkung) gruppieren. Dabei wird der Werkstoff an der
Fügestelle immer in einen flüssigen oder plastischen Zustand versetzt, und es
kommt zu Gefügeänderungen an der Schweißstelle.[8]

---

[6] Vgl.: Fritz, A. Herbert/Schulze, Günter (2010): Fertigungstechnik. S. 115 f.
[7] Verändert übernommen aus: Fritz, A. Herbert/Schulze, Günter (2010): Fertigungstechnik. S. 115.
[8] Vgl.: Koether, Reinhard/Rau, Wolfgang (2008): Fertigungstechnik für Wirtschaftsingenieure. S. 190.

Das Schmelz-Verbindungsschweißen charakterisiert, dass meist gleichartige Metallteile an den Verbindungsstellen geschmolzen und vereinigt werden. Dies kann mit oder ohne Zugabe von Hilfsstoffen (z.B.: Elektroden, Fülldrähte, usw.) erfolgen. Die somit entstandene Verbindung kommt ohne Kraftaufwand zustande. Beim Press-Verbindungsschweißverfahren erfolgt die Verbindung durch Krafteinwirkung mittels Zusammenpressen, wiederum mit oder ohne Hilfsstoff. Ein örtliches Erwärmen ermöglicht bzw. erleichtert den Verbindungsvorgang. [9]

Weniger bedeutend ist das Kaltpressschweißen, wobei rein die Einwirkung von Kraft für den festen Zusammenhalt sorgt.[10]

Verfahren:	Verbund entsteht durch:	Beispiele:
Schmelzschweißverfahren	Q - Wärme (Gasflamme, Lichtbogen)	Gasschweißen, Lichtbogenschweißen
Pressschweißverfahren	Q - Wärme (Stom) & F - Kraft (Reibung)	Widerstandspunktschweißen
Kaltpressschweißen	F - Kraft (Druck, Reibung)	Sprengschweißen

Tab. 1:   Überblick - Entstehen von Schweißverbindungen[11]

2.1.2 Vertiefung Punktschweißen

Aus der Tabelle 1 ist ersichtlich, dass es sich beim Punktschweißen um ein Widerstandspressschweißverfahren handelt. Der Werkstoffverbund resultiert aus dem Einleiten eines Elektrodenstromes I, einer sich daraus entwickelnden Wärme Q, und einer gleichzeitig einwirkenden Kraft F.[12]

Voraussetzung für das Schaffen einer Verbindung mittels Punktschweißen sind elektrisch leitfähige Werkstoffe. An den Verbindungsstellen fließt ein über Kupferelektroden zugeführter Strom, der durch den auftretenden elektrischen Widerstand (Widerstandswärme Q) eine Verbindung in der Schweißzone herstellt. Die an beiden Seiten angebrachten Elektroden üben eine Presskraft F auf die zu verbindenden Teile aus, und unterstützen so den Schweißvorgang bzw. die später gewünschte Verbindungsfestigkeit.[13]

---

[9] Vgl.: Fachwissen Technik (2011): Einteilung der Schweißverfahren. http://www.fachwissen-technik.de/verfahren/schweissen.html [Stand 12.04.2011].
[10] Vgl.: Fritz, A. Herbert/Schulze, Günter (2010): Fertigungstechnik. S. 116.
[11] Verändert übernommen aus: Fritz, A. Herbert/Schulze, Günter (2010): Fertigungstechnik. S. 117.
[12] Vgl.: Dilthey, Ulrich (2006): Schweißtechnische Verfahren. 1. Schweiß- und Schneidetechnologie. 3. bearbeitete Auflage. Berlin/Heidelberg: Springer. S. 137.
[13] Vgl.: Fritz, A. Herbert/Schulze, Günter (2010): Fertigungstechnik. S. 197.

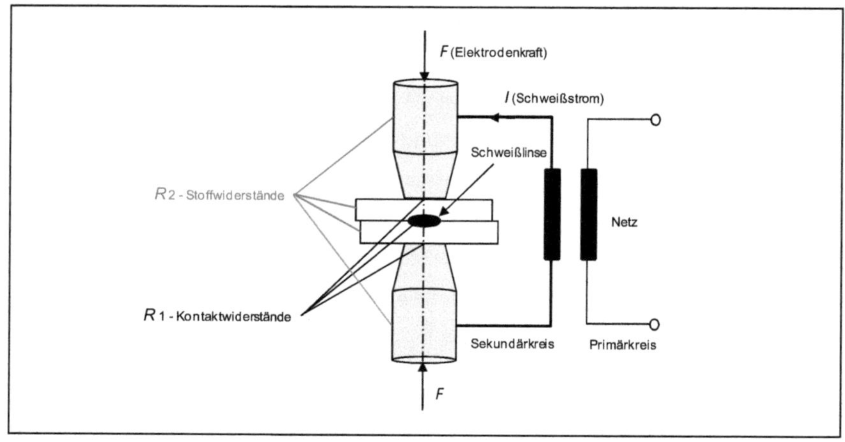

Abb. 3:   Verfahrensprinzip Punktschweißen[14]

Wie Abbildung 3 zeigt, durchfließt ein über den Sekundärkreislauf eingeleiteter Strom I die Widerstände R in einer bestimmten Zeit. So erzeugt er die für den Verbindungsvorgang nötige Wärmeenergie (Berechnung mittels *Joulschem Gesetz:* $Q = I^2 . R . t$). Dies bedeutet, dass die Rahmenbedingungen so zu gestalten sind, dass der in der Schweißlinse auftretende Kontaktwiderstand, die größtmögliche Wärme in der zur Verfügung stehenden Zeit erzeugt. Daraus ergibt sich, dass ein optimales Schweißergebnis von der Wärmeleitfähigkeit des Werk- und Elektrodenwerkstoffes, aber vor allem vom Oberflächenzustand der Elektrode und des Werkstückes (Kontaktwiderstände) abhängt.[15]

In der praktischen Anwendung ergeben sich Schweißzeiten zwischen 40 bis 800 Millisekunden (Wechselstorm 50 Hz) unter Berücksichtigung des Werkstoffes, der Teileabmessungen und des gewünschten Verbindungsdurchmessers. Die verflüssigte Schweißstelle erkaltet unter Druck nach Abschalten des Stromes und eine kreisflächenähnliche Verbindungsstelle, die sogenannte Schweißlinse, entsteht.[16]

---

[14] Verändert übernommen aus: Fritz, A. Herbert/Schulze, Günter (2010): Fertigungstechnik. S. 198.
[15] Vgl.: Fritz, A. Herbert/Schulze, Günter (2010): Fertigungstechnik. S. 198 f.
[16] Vgl.: Dilthey, Ulrich (2006): Schweißtechnische Verfahren. 1. Schweiß- und Schneidetechnologie. S. 139.

Neben dem relativ hohen Stoffwiderstand in der Fügeebene, bestimmen vorwiegend die Elektrodenkontaktflächen die Größe der Schweißlinse. Durch die über die Elektroden ausgebübte Presskraft während des Erkaltens, entsteht an der Punktschweißverbindung ein Abdruck der die Form und Abmessung der Elektrode aufweist.[17]

Die Ausführung der Punktschweißverbindung findet entweder an ortsfesten Ständermaschinen oder über ortsveränderliche Schweißzangen statt. Ortsfeste Maschinen weisen meist eine C-förmige Bauweise auf. Hohe Ströme und große Elektrodenkräfte ermöglichen mechanisch steife Konstruktionen. Im Gegensatz zu ortsveränderlichen Maschinen muss beim Einsatz von ortsfesten Maschinen das Werkstück beweglich und entsprechend der Maschinenzugänglichkeit dimensioniert sein. Ortsveränderliche Maschinen, wie Zangen, sind flexibler im praktischen Betrieb. Schweißzangen werden mittels Transformator oder Gleichrichter mit Strom gespeist. Ist die Zange über ein Kabel mit dem Stromgeber verbunden, so kommt sie vorwiegend in der manuellen Fertigung zum Einsatz. Transformatoren oder Gleichrichter können aber auch direkt in der Schweißzange verbaut sein, jedoch bedingen das erhöhte Gewicht, die veränderten Abmessungen und die damit verbundene erschwerte manuelle Handhabung, eine Roboterunterstützung.[18]

Das Punktschweißen ist in der verbauenden Metallindustrie weit verbreitet. Ausschlaggebend dafür sind die gute Automatisierbarkeit und den daraus resultierenden kurzen Fertigungszeiten und -genauigkeiten, die dieses Verfahren zum Beispiel bei der Automobilherstellung oder im Leichtbau, bevorzugt zum Einsatz kommen lassen.[19]

---

[17] Vgl.: Dilthey, Ulrich (2006): Schweißtechnische Verfahren. 1. Schweiß- und Schneidetechnologie. S. 139.
[18] Vgl.: Dilthey, Ulrich (2006): Schweißtechnische Verfahren. 1. Schweiß- und Schneidetechnologie. S. 140.
[19] Vgl.: Kurz, Ulrich/Hintzen, Hans/Laufenberg, Hans (2009): Konstruieren, Gestalten, Entwerfen. Ein Lehr- und Arbeitsbuch für das Studium der Konstruktionstechnik. 4. Auflage. Wiesbaden: Vieweg + Teubner/GWV Fachverlage GmbH. S. 146.

2.2 Fügen durch Umformen

Fügen durch Umformen, ist eine Untergruppe der Fügetechniken, das in der Normenreihe DIN 8593 - Teil 5 definiert ist (siehe Abbildung 4).[20]

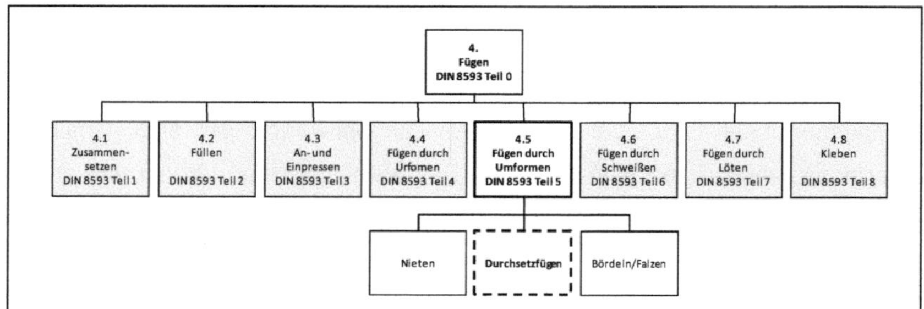

Abb. 4:   Normeinteilung Fügeverfahren im Überblick[21]

Es handelt sich dabei um ein mechanisches Fügen, das aufgrund der immer höher werdenden Ansprüche an die Wirtschaftlichkeit und Prozesssicherheit, in den letzten Jahrzenten ein mehr an Bedeutung gewinnt. Der Grund dafür ist, dass die in der Metallindustrie üblichen thermisch, stoffschlüssigen Fügeverfahren, wie zum Beispiel Schweißen, Löten oder Kleben, Probleme bei der Verarbeitung von Leicht- und Mischmetallverbindungen mit sich bringt.[22]

Ein weiterer Grund für die massive Weiterentwicklung der mechanischen Fügeverfahren ist, dass die Schwingfestigkeitseigenschaften denen der stoffschlüssigen Verfahren überlegen sind, selbst wenn die statische Festigkeit an der Fügestelle geringer ist.[23]

Wie in Abbildung 4 ersichtlich, unterteilt sich die Verfahrensgruppe Fügen durch Umformen in drei weitere Untergruppen. Dem Nieten, dem Durchsetzfügen, auch als Clinchen bezeichnet, und dem Bördeln beziehungsweise Falzen. Das Verfahren Clinchen wird im nächsten Kapitel ausführlich behandelt. Um das dazu nötige Grundverständnis zu schaffen, folgt auf den nächsten Seiten eine

---

[20] Vgl.: Kurz, Ulrich/Hintzen, Hans/Laufenberg, Hans (2009): Konstruieren, Gestalten, Entwerfen. S. 173.
[21] Verändert übernommen aus: Fachwissen Technik (2011): Fertigungsverfahren Fügen. http://www.fachwissen-technik.de/verfahren/fertigungsverfahren-fuegen.html [Stand 16.04.2011].
[22] Vgl.: Ostermann, Friedrich (2007): Anwendungstechnologie Aluminium. 2. neu bearbeitete und aktualisierte Auflage. Berlin/Heidelberg: Springer. S. 639.
[23] Vgl.: Ostermann, Friedrich (2007): Anwendungstechnologie Aluminium. S. 639.

überblicksmäßige Beschreibung der oben angeführten Untergruppen des Fügens durch Umformen.

Wie bereits erwähnt, handelt es sich beim Fügen durch Umformen, um ein mechanisches Verfahren, bei dem verschiedene Blechwerkstoffe mit verschiedenen Dicken, kostengünstig und einfach miteinander verbunden werden können. Es handelt sich dabei um eine sogenannte Kaltumformung, bei der eine separate Vorbereitung des Füge- bzw. Umformungspunktes meist nicht vorzunehmen ist. Zusatzelemente, wie zum Beispiel ein Niet, werden nur beim Nieten benötigt. Das Durchsetzfügen, Bördeln und Falzen kommt hingegen gänzlich ohne einen zusätzlichen Verbindungsteil aus. Durch die Kaltumformung findet an den Fügestellen keine thermische Beeinflussung der zu verbindenden Werkstoffe statt. Ebenso können beschichtete Werkstoffe ohne Erleiden einer Beschädigung verbunden werden.[24]

Grundsätzlich ist diese Art der Verbindung eine punktförmige Fügetechnik, mit Ausnahme des Bördelns und Falzens, bei dem ein Umlegen der Werkstoffkanten stattfindet. Zur Erzielung einer höheren Verbindungsdichte, können mechanische Fügetechniken durch die Kombination mit stoffschlüssigen Verfahren, wie dem Kleben oder Löten, verarbeitet werden.[25]
Da der Focus dieser Arbeit auf den punktförmigen Verbindungsverfahren liegt, wird in weiterer Folge auf das Bördeln und Falzen nicht näher eingegangen.

Werkzeuge und Maschinen zur Ausführung einer umformenden Fügetechnik können beginnend von einem Hammer über Zangen bis hin zu hochkomplexen Maschinen reichen. Die in der industriellen Verarbeitung üblichen Werkzeugbestandteile bzw. ihre Interdependenzen sind in der Abbildung 5 dargestellt.

---

[24] Vgl.: IFUM Institut für Umformungstechnik und Umformungsmaschinen (2011): Forschung. Blechumformung. Mechanisches Fügen. http://www.ifum.uni-hannover.de/index.php?id=156 [Stand 18.04.2011].
[25] Vgl.: Ostermann, Friedrich (2007): Anwendungstechnologie Aluminium. S. 641.

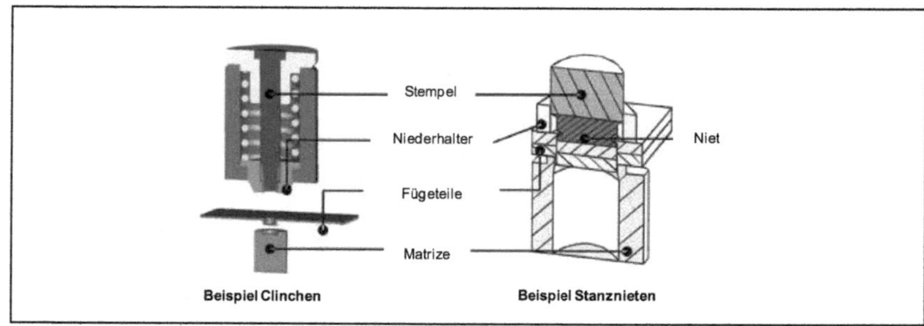

Abb. 5:   Gemeinsamkeiten Werkzeuge der mechanischen Fügeverfahren[26]

Typischerweise bestehen Fügewerkzeuge zum Clinchen oder Nieten aus einem Stempel, den von einem Niederhalter fixierten Fügeteilen, die zur Schaffung der Verbindung in eine Matrize gedrückt werden.

Der Einsatz von mechanischen Fügetechniken unterscheidet sich nach der Zugänglichkeit der Bearbeitungsstelle. Diese kann ein- oder beidseitig sein, je nachdem wie es Werkzeug-, Maschinen- oder Verbindungselemente erfordern. Die Mehrzahl der Verfahren erfordert jedoch einen beidseitigen Zugang (Abbildung 5). Des Weiteren ist die benötigte Kraft bei der Umsetzung eines Fügevorganges um einiges höher, als die der Elektrodenkräfte beim Punktschweißen. Somit werden durch die geforderte Reproduzierbarkeit hohe mechanische Anforderungen an Fügewerkzeuge und -maschinen gestellt. Beim Stanznieten zum Beispiel, muss eine Schneideoperation ausgeführt werden und zugleich eine hohe Umformfähigkeit gewährleistet werden.[27]

Bekannte Vertreter der mechanischen Fügetechniken sind das herkömmliche Nieten, das Blindnieten, das Stanznieten und das Durchsetzfügen. Um das geeignete Fügeverfahren auszuwählen, sollten die Anforderungen an die Werkstoffkombination, die spätere Funktionalität und die Gestaltung der Verbindungsumsetzung im Vorfeld definiert werden.[28]

---

[26] Verändert übernommen aus: IFUM Institut für Umformungstechnik und Umformungsmaschinen (2011): Forschung. Blechumformung. Mechanisches Fügen. http://www.ifum.uni-hannover.de/index.php?id=156 [Stand 18.04.2011].
[27] Vgl.: Ostermann, Friedrich (2007): Anwendungstechnologie Aluminium. S. 641.
[28] Vgl.: aluMATTER (2010): Mechanische Fügetechniken: Einführung. http://aluminium.matter.org.uk/content/html/GER/default.asp?catid=48&pageid=2144416964 [Stand 18.04.2011].

2.2.1 Herkömmliches Nieten

Herkömmliche Nietverfahren gehören zu den ältesten industriell angewandten Fügetechniken. Ursprünglich im Stahl- und Kesselbau eingesetzt, kommt es heute nach wie vor in der Luftfahrt, im Automobilbau und im Brückenbau zur Anwendung.[29]

Nieten ist ein formschlüssiges Verfahren, das durch die Notwendigkeit von vorgelochten Fügeteilen und der Verwendung von Hilfsfügeteilen, dem Niet, charakterisiert ist. Ebenso muss die Zugänglichkeit der Verbindungstelle von beiden Seiten, also von oben und unten, gegeben sein. Ein Lösen der Verbindung kann nur durch Zerstörung des Niets erfolgen.[30]

Kriterien	Ausprägung	Verfahrensschritte des herkömmlichen Nietens		
		1) Positioieren des Niets	2) Bildung des Schließkopfes	3) Fertige Nietverbindung
Kategorie	Fügen mit Nietelementen	Schließkopf	Niederhalter	
Werkstoffvorbereitung	vorlochen			
Zugänglichkeit	beidseitig			
Techniken	Vollnieten, Halbhol und Hohlnieten, Schließringbolzen	Gegenhalter		

Tab. 2:   Charakteristiken des herkömmlichen Nietens[31]

In der Tabelle 2 ist die Vorgehensweise eines herkömmlichen Nietenablaufes dargestellt. Zuerst erfolgt die Positionierung des Niets indem er durch die vorgeborten Teile geführt wird. In Schritt zwei wird der Schließkopf durch paralleles Pressen und Umformen ausgebildet. Die auf den Nietschaft wirkende Kraft erzeugt den sogenannten Lochleibungsdruck in der Fügestelle und es kommt zu einer formschlüssigen Reibverbindung. Als letztes müssen die Fügewerkzeuge von der fertigen Nietverbindung entfernt werden und die Fügetechnik des herkömmlichen Nietens ist abgeschlossen.[32]

---

[29] Vgl.: Hinzen, Hubert (2007): Maschinenelemente 1. 2. Auflage. München: Oldenbourg Wissenschaftsverlag GmbH. S. 253.
[30] Vgl.: Kurz, Ulrich/Hintzen, Hans/Laufenberg, Hans (2009): Konstruieren, Gestalten, Entwerfen. S. 199.
[31] Verändert übernommen aus: aluMATTER (2010): Mechanische Fügetechniken: Einführung.
http://aluminium.matter.org.uk/content/html/GER/default.asp?catid=48&pageid=2144416964 [Stand 18.04.2011].
[32] Vgl.: aluMATTER (2010): Charakterisierung des herkömmlichen Nietens.
http://aluminium.matter.org.uk/content/html/GER/default.asp?catid=48&pageid=2144416967 [Stand 18.04.2011].

Mittels Nieten können verschieden Werkstoffe und sehr dünne Bleche miteinander verbunden werden. Da der Nietvorgang bei Raumtemperatur stattfindet, kommt es nicht wie beim Schweißen, zu einer Gefügeveränderung. Dennoch wird zwischen Kalt- und Warmnieten unterschieden. Die Verfahrensabwicklung ist in beiden Fällen dieselbe, allerdings wird beim Warmnieten der Niet vor dem Fügevorgang erwärmt. Während des Erkaltens des Warmniets, schrumpft dieser und erzeugt ein Vorspannkraft F_V, die ständig als Längskraft erhalten bleibt und die Nietverbindung stabilisiert.[33]

2.2.2 Blindnieten

Das Blindnieten ermöglicht das Verbinden von Bauteilen, deren Zugänglichkeit nur von einer Seite gegeben ist. Es ist ein wirtschaftliches und geräuscharmes Verfahren, dass häufig in der Montage mit geringen Festigkeitsanforderungen Anwendung findet.[34]

Charakteristisch für das Blindnieten ist, wie auch beim herkömmlichen Nieten, die Vorarbeit des Lochens der Werkstoffe. Die Tabelle 3 zeigt graphisch die Verfahrensschritte, sowie den Überblick der Kriterien und ihre Ausprägungen.

Kriterien	Ausprägung	Verfahrensschritte des Blindnietens			
		1) Setzen des Niets	2) Nietdorn ziehen	3) Nietschaft drücken	4) Abreißen des Dorns
Kategorie	Fügen mit Nietelementen	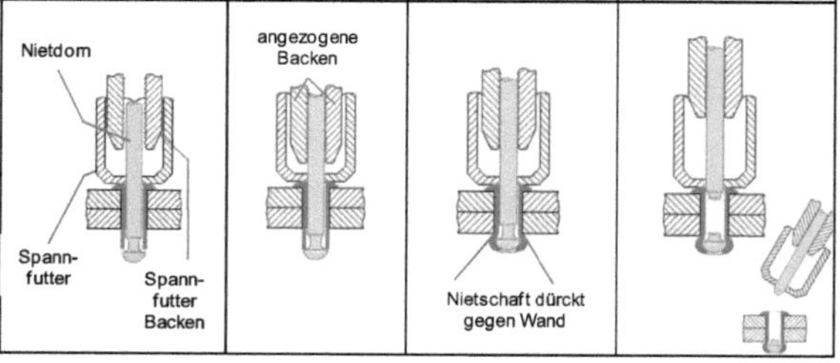 Nietdorn / Spann-futter / Spann-futter Backen	angezogene Backen	Nietschaft dürckt gegen Wand	
Werkstoffvorbereitung	vorlochen				
Zugänglichkeit	einseitig				
Techniken	Blindniet				

Tab. 3:   Charakteristiken des Blindnietens[35]

---

[33] Vgl.: Hinzen, Hubert (2007): Maschinenelemente 1. S. 253 f.

[34] Vgl.: Spur, Günter/Stöferle,Theodor (1986): Handbuch der Fertigungstechnik. Band 5. Fügen, Handhaben und Montieren. 1. Auflage. München/Wien: Hanser. S. 131.

[35] Verändert übernommen aus: aluMATTER (2010): Charakterisierung des Blindnietens. http://aluminium.matter.org.uk/content/html/GER/default.asp?catid=48&pageid=2144416966# [Stand 18.04.2011].

Das übliche Blindnieten wird in vier Schritten durchgeführt. Bevor der Niet selbst gesetzt wird, wird der Dorn des Blindniets in das Spannfutter des Nietgeräts geführt. Dann wird der Nietschaft in die Vorlochung der Fügeteile platziert. Betätigt man das Nietgerät, klemmt das Spannfutter des Nietgerätes den Dorn mit den sogenannten Backen ein. Durch das Ziehen des Dorns und das gleichzeitige Zusammenpressen der Fügeteile, bildet der Dornkopf den Nietschaft aus. Durch die wirkenden Kräfte im Material, wird der Nietschaft gegen die Wände der Fügeteile gedrückt und der Schließkopf weiter aufgespreizt. Letztendlich bricht der Dorn an einer vorgegeben Sollbruchstelle.[36]

Sämtliche Blindniettypen bilden die Schließköpfe über das Ziehen des Nietdorns aus. Das Nietdornende kann dauerhaft in der Blindnietverbindung verbleiben und ein Bestandteil des Schließkopfes sein, oder nach der Schließkopfbildung entfernt werden. Ein Großteil der Blindnietverbindungen kann nur mittels Herstellerspezifischem Werkzeug gesetzt werden.[37]

2.2.3 Stanznieten

Typisch für das in der verbauenden Industrie gängige Stanznieten, ist der wegfallende Vorgang des Vorlochens, der bei anderen Nietverfahren eine Grundvoraussetzung darstellt. Der Stanzniet durchbohrt die Werkstoffe, die von beiden Seiten zugänglich sein müssen. In der Industrie wird vorwiegend das Halbhohl- oder Vollnietverfahren, wie in Tabelle 4 dargestellt, eingesetzt.[38]

Das Stanznieten ist ein einfacheres und kostengünstigeres Verfahren als das herkömmliche Nieten. Geringere Oberflächenbeschädigungen im Bereich der Fügestelle, besonders bei beschichteten oder lackierten Blechen, machen Stanznieten zu einer wirtschaftlichen Alternative, auch gegenüber dem Punktschweißen.[39]

---

[36] Vgl.: aluMATTER (2010): Charakterisierung des Blindnietens.
http://aluminium.matter.org.uk/content/html/GER/default.asp?catid=48&pageid=2144416966# [Stand 18.04.2011].
[37] Vgl.: Spur, Günter/Stöferle, Theodor (1986): Handbuch der Fertigungstechnik. S. 131.
[38] Vgl.: Künne, Bernd (2001): Einführung in die Maschinenelemente. Gestaltung, Berechnung, Konstruktion. 2. Auflage. Stuttgart/Leipzig/Wiesbaden: B. G. Teubner GmbH. S. 78.
[39] Vgl.: Matthes, Klaus-Jürgen/Riedel, Frank (2003): Fügetechnik. Überblick, Löten, Kleben, Fügen durch Umformen. 2. verbesserte Auflage. München/Wien: Hanser. S. 269.

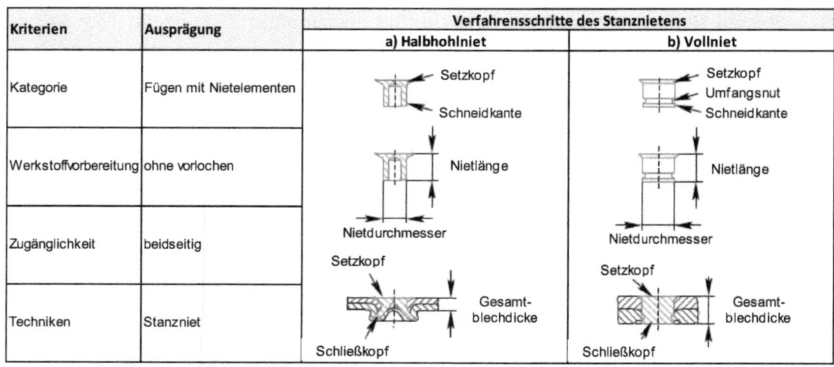

Kriterien	Ausprägung	Verfahrensschritte des Stanznietens	
		a) Halbhohlniet	b) Vollniet
Kategorie	Fügen mit Nietelementen		
Werkstoffvorbereitung	ohne vorlochen		
Zugänglichkeit	beidseitig		
Techniken	Stanzniet		

Tab. 4: Charakteristiken des Stanznietens[40]

Beide Fügeverfahren werden durch das Eindrücken eines Stanzniets mittels Stempel durch den Werkstoff in eine gegenüberliegende Matrize ausgeführt. Beim Halbhohlnieten wird das untere, matrizenseitige Blech, plastisch zu einem Schließkopf verformt, wobei sich der Hohlnietschaft mit dem ausgestanzten Material füllt. Die spätere Festigkeit der Verbindung ist von der Verspreizung des Hohlniets abhängig.[41]

Die für das Vollnietverfahren nötige „Bohrung" wird während des Fügens durch den Niet selbst ausgestanzt, das überschüssige Material wird über die Matrize abgeführt. Das Verbindungselement, also der Niet, fungiert als Einweg-Stanzwerkzeug und wird beim Fügevorgang nicht verformt. Jedoch findet eine Umformung der Werkstoffe an der Fügestelle statt. Diese ermöglicht ein Fließen der Werkstoffe in die Hohlräume des Fügeschaftes und garantiert so eine feste Fügeverbindung.[42]

Zur Erreichung der nötigen Festigkeit beim Einsatz von unterschiedlichen Materialien, soll stempelseitig der weichere in den matrizenseitig härteren Werkstoff gefügt werden. Bei unterschiedlichen Werkstoffdicken soll das dünnere Material über den Stempel in das dickere Material eingepresst werden.[43]

---

[40] Verändert übernommen aus: aluMATTER (2010): Charakterisierung des Stanznietens.
http://aluminium.matter.org.uk/content/html/GER/default.asp?catid=48&pageid=2144416968 [Stand 18.04.2011].
[41] Vgl.: Künne, Bernd (2001): Einführung in die Maschinenelemente. S. 78.
[42] Vgl.: Matthes, Klaus-Jürgen/Riedel, Frank (2003): Fügetechnik. S. 269.
[43] Vgl.: aluMATTER (2010): Charakterisierung des Stanznietens.
http://aluminium.matter.org.uk/content/html/GER/default.asp?catid=48&pageid=2144416968 [Stand 18.04.2011].

2.2.4 Durchsetzfügen

Durchsetzfügeverfahren, in der Industrie häufiger als Clinchen bezeichnet, unterliegt seit Jahren einer konsequenten Entwicklung der umformtechnischen Fügeverfahren. Als Clinchen wird ein gemeinsames partielles Durchsetzen von übereinander liegenden Werkstoffen bezeichnet, die mittels Stauchung (Stempel) und anschließendem Fließen und/oder Bereiten (Matrize) eine unlösbare Verbindung an der Fügestelle ergeben.[44]

Je nach Fügeelementausbildung kann Durchsetzfügen in einem ein- oder mehrstufigen Verfahren ausgeführt werden. Durchsetzfügen kann mit oder ohne Schneidanteil, einer oder mehrerer Lagen, sowie in verschiedenen geometrischen Formen ausgeführt werden. Üblich sind jedoch die Formen „rund" bei Fügeelementen ohne Schneidanteil, und „eckig" bei denen mit Schneideanteil. Das verarbeitende Material entscheidet über den Einsatz der Spezialwerkzeuge. Grundsätzlich wird dem Verfahren ohne Schneideanteil eine höhere Dichtheit gegenüber Gasen und Flüssigkeiten zugesprochen.[45]

Wie das Verfahren im Detail verläuft und wo die Einsatzgebiete liegen, wird im nächsten Kapitel genauer erörtert. Als einführender Überblick der Durchsetzfügeverfahren soll die unten stehende Tabelle 5 dienen.

Fügeelementausprägung	Schneideanteil	Formgebung Fügestelle	Exemplarisches Beispiel einstufiges Durchsetzfügen ohne Schneidanteil
Einstufiges Durchsetzfügen	nein	rund	
Einstufiges Durchsetzfügen	ja	eckig	
Mehrstufiges Druchsetzfügen	nein	rund, flach	
Mehrstufiges Druchsetzfügen	ja	eckig, flach, mehrteilig	

Tab. 5:   Überblick der Durchsetzfügeverfahren[46]

---

[44] Vgl.: Matthes, Klaus-Jürgen/Riedel, Frank (2003): Fügetechnik. S. 252.
[45] Vgl.: aluMATTER (2010): Einführung in den Clinchsystemen.
http://aluminium.matter.org.uk/content/html/ger/default.asp?catid=48&pageid=2144416970 [Stand 18.04.2011].
[46] Verändert übernommen aus: aluMATTER (2010): Definition von Clinchverbindungen.
http://aluminium.matter.org.uk/content/html/ger/default.asp?catid=48&pageid=2144416986 [Stand 18.04.2011].

3 Clinchenverfahren im Industrieeinsatz

Im vorangegangenen Kapitel wurde das stoffschlüssige Fügen mittels Punktschweißen und wichtige Vertreter des Fügens durch Umformen im Wesentlichen beschrieben. Darauf aufbauend soll nun das Durchsetzfügen, in weiterer Folge als Clinchen bezeichnet, genauer beleuchtet werden.

3.1 Verfahren Clinchen

Wie auch die anderen mechanischen Fügetechniken, ist das Clinchen ein Kaltumformungsverfahren zur Schaffung punktueller form- und kraftschlüssiger Verbindungen, vorwiegend von Blechen und Profilen. Die Grundelemente des Durchsetzfügens sind ein Stempel, der die zu verbindenden Bleche in eine Matrize drückt. Die Ausformung von Matrize und Stempel sorgen für ein Fließen der Werkstoffe in die Breite der Matrize, wodurch eine dauerhafte Verbindung entsteht.[47]

3.1.1 Verbindungsvorgang

Beim Fügen von Werkstoffen mittels Clinchen sind zwei gegeneinander wirkende Kräfte vorhanden. Eine Fügekraft F_F die von Stempel und Matrize auf die Werkstoffe einwirkt und eine Reaktionskraft F_R die vom Werkstoff aus gegen die Fügekraft wirkt (Abbildung 6). Zur Erzielung einer Verbindung muss die Fügekraft entsprechend groß sein um die Reaktionskraft zu überwinden, und das Material in Form zu bringen.[48] Die Fügekraft beträgt beim manuellen Clinchen in der Regel 25 kN und bei modularen oder vollautomatischen Systemen 50 kN und mehr.[49]

---

[47] Vgl.: Metalltechnik Lexikon (2011): Durchsetzfügen. http://www.metalltechnik-lexikon.de/durchsetzfuegen/ [Stand 12.04.2011].
[48] Vgl.: Matthes, Klaus-Jürgen/Riedel, Frank (2003): Fügetechnik. S. 256.
[49] Vgl.: Böllhoff, Technische Unterlage (2009): Der RIVCLINCH® Baukasten. In: RIVCLINCH®. Geräte und Systeme zur Verbindung von Blechen und Profilen ohne Fügeelement. N: 6780/09.01. S. 11.

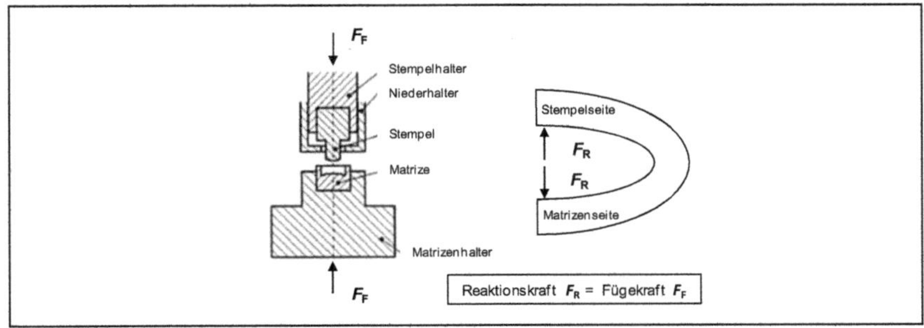

Abb. 6:   Wirkungsweise der Fügekräfte beim Clinchen[50]

Eine Clinchverbindung kann mit oder ohne Schneideanteil hergestellt werden. Man spricht von einem Schneideanteil, wenn beide oder eines der beiden zu verbindenden Bleche durchtrennt werden. Es handelt sich hierbei um einen kombinierten Scherschneid- und Stauchvorgang, erkennbar durch seine charakteristische eckige Form. Beim Clinchen ohne Schneideanteil erfolgt zuerst ein Einsenk- und Durchsetzvorgang, gefolgt von einem Stauchvorgang, der typischerweise eine runde Form aufweist.[51]

Durchsetzfügen	Fügeelement	Charakteristik
mit Schneideanteil		eckige Formgebung
ohne Schneideanteil		runde Formgebung

Abb. 7:   Durchsetzfügen - Charakteristische Formgebung[52]

---

[50] Verändert übernommen aus: Matthes, Klaus-Jürgen/Riedel, Frank (2003): Fügetechnik. S. 256.
[51] Vgl.: Kurz, Ulrich/Hintzen, Hans/Laufenberg, Hans (2009): Konstruieren, Gestalten, Entwerfen. S. 173.
[52] Verändert übernommen aus: Kurz, Ulrich/Hintzen, Hans/Laufenberg, Hans (2009): Konstruieren, Gestalten. Entwerfen. S. 173.

Die Fügegeometrie entsteht mittels ein- oder mehrstufigem Clinchen. Als einstufig wird das Verfahren dann bezeichnet, wenn ein einziger Arbeitshub mit nur einem Werkzeug ausgeführt wird. Ein Stempel bewegt sich in eine Matrize. Die Formgebung geschieht mittels Ausdehnung und Stauchung des Werkstoffes in selbiger. Als mehrstufig wird der Fügevorgang bezeichnet, wenn mehrere Arbeitshübe mit mehreren angetriebenen Werkzeugen erfolgen. Nach der Stempelbewegung erfolgt eine Bewegung einer geteilten Matrize zur Stauchung des Werkstoffes. Beide Varianten können mit oder ohne Schneideanteil ausgeführt werden.[53]

Eine einfache Anlagetechnik, bestehend aus Stempel und Matrize, kennzeichnet den einstufigen Clinchvorgang. Die Bewegung erfolgt über den Stempel, die Matrize ist feststehend und kann in Lamellen unterteilt sein. Diese federn beim Einformen auf und ermöglichen so ein Breiten der Clinchverbindung. Ein Niederhalter fixiert die Werkstoffe gegen Verformen während des Fügens. Mehrstufiges Clinchen ist komplexer, teurer aber flexibler, da ein Werkzeugsatz für verschiedene Stärken und Materialtypen eingesetzt werden kann. Aus Kostengründen wird in der Industrie das einstufige Clinchen bevorzugt.[54]

Die folgende Abbildung 8 zeigt den Verfahrensverlauf des ein- und mehrstufigen Clinchens ohne Schneidanteil.

---

[53] Vgl.: Bänder, Bleche, Rohre (2000): Garantie für festen Zusammenhalt. Mit Nieten und Clinchen zu modernen Leichtbaustrukturen. http://www.bbr.de/index.cfm?pid=1459&pk=12428 [Stand 12.04.2011].
[54] Vgl.: Matthes, Klaus-Jürgen/Riedel, Frank (2003): Fügetechnik. S. 254 f.

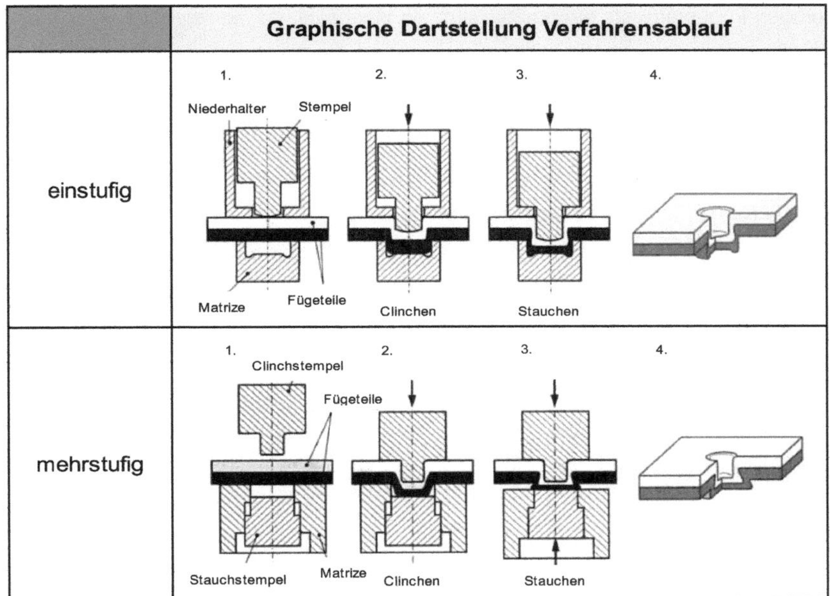

Abb. 8:   Verfahrensschritte Clinchen – ein- und mehrstufig[55]

Durch die Kaltumformung können verschiedene Materialen in unterschiedlichen Stärken miteinander verbunden werden, ohne ihre ursprünglichen Materialeigenschaften zu verlieren bzw. zu verändern. Dies ist auch der Grund, warum vor allem Clinchen ohne Schneideanteil, mit Fügeelementdurchmessern von 1,5mm bis zu 26mm, in der verbauenden Industrie häufig Anwendung findet.[56]

3.1.2 Verbindungsqualität

Um die Verbindungsqualität des Fügeelements zu messen, werden geometrische Kennwerte herangezogen, die in Abbildung 9 am Beispiel eines fertigen Fügeelements ohne Schneideanteil dargestellt sind. Zur Feststellung der Verbindungsfestigkeit wird die Restbodendicke t_B und die Hinterschneidung h_H ermittelt. Die Restbodendicke ist jene Breite, die sich aus den zusammengeführten Werkstoffen, nach Krafteinwirkung durch Stempel und Matrize, am Boden des

---

[55] Verändert übernommen aus: Matthes, Klaus-Jürgen/Riedel, Frank (2003): Fügetechnik. S. 256 f.
[56] Vgl.: Kurz, Ulrich/Hintzen, Hans/Laufenberg, Hans (2009): Konstruieren, Gestalten, Entwerfen. S. 175.

fertigen Fügeelements ergibt. Sie dient als Kennzahl, da sie reproduzierbar sowie leicht greif- und messbar ist. Ein weiteres Maß zur Ermittlung der Festigkeit bildet die sogenannte Hinterschneidung. Diese ergibt sich durch den Fügevorgang zwischen den Rändern der Restbodendicke und der Halsdicke h_D des Fügeteils. Die Hinterschneidung bildet sich durch den Stauchvorgang aus, ist allerdings nur mittels Querschnitt, also zerstörend, ermittelbar.[57]

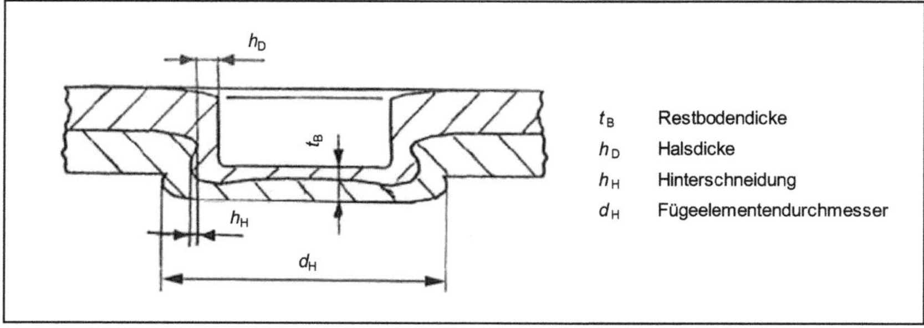

Abb. 9:   Geometrische Abmessungen eines Fügeelements[58]

Geometrische Kenngrößen werden zur Ermittlung der statischen (Scherzug- und Kopfzugprüfung) der dynamischen (schwingende Belastung), und der Stoßfestigkeit (schlagartige Belastungen) herangezogen. Festigkeitswerte können variieren, da sie vom Durchmesser des Clinchpunktes d_H, der verwendeten Materialtype und –dicke, der Fügerichtung und Punktgeometrie abhängig sind.[59]

3.1.3 Materialien und Werkzeuge

Neben Stahl- und Edelstahlwerkstoffen lassen sich auch Aluminium und andere Nichteisenwerkstoffe rationell und ökologisch miteinander verbinden. Ebenso können Hybridverbindungen mit Klebstoff- und Folienzwischenlage gefügt werden. Eine weitere positive Eigenschaft ist das problemlose Clinchen von beschichteten oder lackierten Materialen, ohne dabei die Oberfläche zu Beschädigen.[60]

---

[57] Vgl.: Kurz, Ulrich/Hintzen, Hans/Laufenberg, Hans (2009): Konstruieren, Gestalten, Entwerfen. S. 174.
[58] Verändert übernommen aus: Kurz, Ulrich/Hintzen, Hans/Laufenberg, Hans (2009): Konstruieren, Gestalten, Entwerfen. S. 174.
[59] Vgl.: Böllhoff, Technische Unterlage (2009): Verbindung, die hält, was sie verspricht!. In: RIVCLINCH®. S. 8.
[60] Vgl.: Böllhoff, Technische Unterlage (2009): Verbindungen Schaffen!. In: RIVCLINCH®. S. 4.

Einzelblechdicken können von 0,1mm bis üblicherweise 6mm und im Extremfall bis zu 11mm betragen. Die Fügerichtung sollte bei variierenden Dicken „dick in dünn" sein, das heißt, die stempelseitige Werkstofflage sollte dicker als die matrizenseitige Lage sein. Beim Verbinden von unterschiedlichen Materialtypen sollte die Fügerichtung „hart in weich", also der härtere Werkstoff in den weicheren Werkstoff gefügt, lauten (Abbildung 9). Ebenso ausschlaggebend ist die Materialgröße, daher sollten Flanschbreiten ausreichend vorhanden und störende Kanten beseitigt sein. Das zu fügende Werkstück ist so zu positionieren, dass eine ausreichende Zugänglichkeit der Clinchwerkzeuge gegeben ist. Unter Berücksichtigung dieser Parameter ist es möglich, beste Ergebnisse und verlässlichen Zusammenhalt zu gewährleisten.[61]

unterschiedliche Materialdicke	verschiedene Materialtypen
dick / dünn	hart / weich

Abb. 10:   Vorzuziehende Fügerichtungen[62]

Je nach Hersteller unterscheiden sich die Ausführungen von Werkzeugen und Maschinen für das Durchsetzfügen nur noch marginal. Zentrales Element sämtlicher Hersteller ist aber der Werkzugsatz, bestehen aus Stempel und den unterschiedlichen Matrizen, mit Adaptions- und Erweiterungsmöglichkeiten. Ebenso sind Handzangen und modulare Systeme im Angebot.[63]
Des Weiteren sind Roboter- und Maschinenzangen, sowie Press und Komplettmaschinen im Einsatz.[64]

---

[61] Vgl.: Böllhoff, Technische Unterlage (2009): Verbindungen Schaffen!. In: RIVCLINCH®. S. 4 f.
[62] Verändert übernommen aus: Kurz, Ulrich/Hintzen, Hans/Laufenberg, Hans (2009): Konstruieren, Gestalten, Entwerfen. S. 174.
[63] Vgl.: Böllhoff, Technische Unterlage (2009): Verbindungen Schaffen!. In: RIVCLINCH®. S. 3.
[64] Vgl.:TOX® Pressotechnik, Technische Unterlage (2011): TOX® Standards. In: TOX® Verbindungssysteme. N: 80.200102.de. S. 9.

3.1.4 Varianten der in der Industrie eingesetzten Clinchverfahren

Das Clinchen kann in zahlreichen Ausprägungen (Tabelle 6) vorgefunden werden, jedoch ist die grundlegende Verfahrensbasis dieselbe. Vergleiche zeigen, dass das mechanische Fügen einen sehr hohen Standard erreicht hat. Universelle Einsatzmöglichkeiten, Prozesssicherheit, Funktionssicherheit und die guten mechanischen Eigenschaften der Verbindungselemente sowohl bei Kurz- als auch bei Langzeitbeanspruchung, sind Argumente dieser Fügetechnik.[65]

Verfahrensbezeichung	Prozessgraphik	Beschreibung
Rundpunkt Verfahren		das gängige Standardverfahren presst über den Rundstempel die Materialien in die Matrize; durch den Kraftaufbau beginnt das Material ohne Beschädigung der Oberfläche in die Matrizenform zu fließen; der durch plastische Verforumung enstandene Rundpunkt ist kanten- und gratfrei sowie gegenüber Korrosion beständig
Doppelpunkt und Micropunkt Verfahren		diese Weiterentwicklungen des Rundpunktes unterliegt auch dessen Verfahrensprinzip; der Doppelpunkt wird bei geringen Flanschbreiten eingesetzt und bietet einen Schutz vor Verdrehung; der Micropunkt wird bei Miniaturbauteilen, sehr geringen Flanschbreiten und Blechstärken von 0,1 - 0,5mm empfohlen
Flachpunkt Verfahren		erster Verfahrensschritt wie beim Rundpunkt; im zweiten Verfahrensschritt wird die durch die Martrize entstandene Erhebung flach gedrückt; für Bauteile bei denen eine Erhebung störend wäre
Spezialmatrizen Verfahren		Verfahrensprinzip wie bei Rundpunkt mit anderer Matrize; die Spezialmatrize besteht aus festen und beweglichen Teilen; die Festanteile bewirken, dass die Punktausrichtung völlig symetrisch verläuft; nur noch kleinste Störkanten durch flache Punkterhebung; hohe Flexibilität beim Fügen unterschiedlicher Materialdicken
Clinchniet Verfahren		Verfahrensprinzip und Werkzeug wie bei Spezialmatrizenverfahren; der Zusatzwerkstoff Niet bietet eine zusätzliche Haltefunktion

Tab. 6: Ausprägungen der Clinchverfahren[66]

---

[65] Vgl.: Bänder, Bleche, Rohre (2000): Garantie für festen Zusammenhalt. Mit Nieten und Clinchen zu modernen Leichtbaustrukturen. http://www.bbr.de/index.cfm?pid=1459&pk=12428 [Stand 12.04.2011].
[66] Verändert übernommen aus: TOX® Pressotechnik, Technische Unterlage (2011): TOX® Standards. In: TOX® Verbindungssysteme. S. 6 – 8.

3.2 Clinchens versus Punktschweißen

Sowohl das Punktschweißen als auch das Clinchen, kann im industriellen Einsatz für die gleichen Produktionsschritte angewandt werden. Punktschweißen ist aus unterschiedlichen Gründen noch immer prominenter vertreten als das Clinchen.

3.2.1 Verfahrensvergleich

Die primäre Intention mechanischen Fügeverfahren weiter zu entwickeln, entstand aus dem immer wichtiger werdenden Rationalisierungsgedanken in der industriellen Fertigung. Ziel des massiven Vorantreibens der Weiterentwicklung von Clinchverfahren ist es, mit modernen und innovativen Verbindungsverfahren den Fertigungsprozess schlanker, effizienter und somit auch kostengünstiger zu gestalten. Unter diesen Aspekten betrachtet, liegt das Clinchen eindeutig vor dem Punktschweißen. Geringere Investitions- und Betriebskosten, trotz höherem Werkzeugstand, sowie kurze Fertigungszeiten durch einfache Handhabung, wie in Abbildung 10 dargestellt, sprechen für das Clinchen.[67]

Der markanteste Vorteil des Clinchens liegt allerdings in der problemlosen, verletzungsfreien Verbindung von unterschiedlichen Werkstoffen und -dicken, wie zum Beispiel Aluminium mit Stahl, die mittels Punktschweißen nicht oder nur sehr aufwendig realisierbar sind.[68]

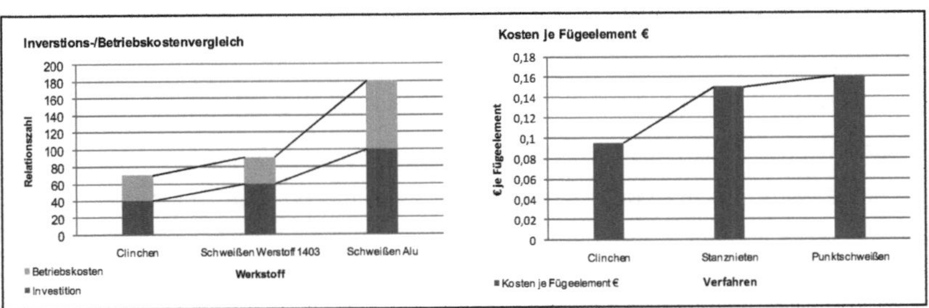

Abb. 11:   Kostenvergleich Clinchen zu Punktschweißen[69]

---

[67] Vgl.: Böllhoff, Technische Unterlage (2009): Wirtschaftlichkeit der RIVCLINCH® Fügetechnologie. In: RIVCLINCH®. S. 7.
[68] Vgl.: Ostermann, Friedrich (1992): Aluminium – Werkstofftechnik für den Automobilbau. 1. Auflage. Ehningen bei Böblingen: expert Verlag (= Kontakt & Studium. Werkstoffe 375). S. 94.
[69] Verändert übernommen aus: Böllhoff, Technische Unterlage (2009): Wirtschaftlichkeit der RIVCLINCH® Fügetechnologie. In: RIVCLINCH®. S. 7.

Beiden Verfahren ist eine Gewichtseinsparung, somit Leichtbautauglichkeit, durch das Fehlen eines Zusatzwerkstoffes gemein. Ebenso erfahren beide Verfahren keine Schwächung durch eine Vorbohrung der zu verbinden Werkstoffe.[70] Eine gute Automatisierbarkeit und relativ hohe Fertigungsgenauigkeit sind ebenso gemeinsame Eigenschaften. Mit den heutigen industriellen Fertigungsmaschinen sind Nacharbeiten in beiden Fällen so gut wie nicht nötig. Ein Vorteil des Punktschweißens ist aber die Möglichkeit, Reparaturen an unzureichenden Schweißstellen durchzuführen.[71]

Optimale Punktschweißergebnisse bedürfen vieler übereinstimmender Faktoren. Die relativ teuren Kupferelektroden müssen einen ausreichenden Querschnitt und eine entsprechende Wärmeleitfähigkeit besitzen. Ebenso ist der Oberflächenzustand des Werkstoffs und der Elektroden ausschlaggebend, da Beschichtung und Rauigkeit den Kontaktwiderstand zu den Elektroden vermindern. Dadurch können sich asymmetrische Schweißlinsen bilden, die unterschiedliche Festigkeitswerte in den Schweißpunkten ergeben.[72]

Die für das Punktschweißen erforderliche Oberflächenbahndlung zum Entfernen der Oxidationsschicht, entfällt beim Clinchen zur Gänze. Da Clinchen eine mechanische Kaltumformung ist, kommt es während des Fügevorgang zu keinen wärmebedingten Gefügeveränderungen der Werkstoffe. Durch die beim Punktschweißen gewünschte Widerstandswärme zur Erzeugung einer Fügeverbindung, kann es zu ungewollten Schweißspritzern und einem Wärmeverzug an den Werkstoffen kommen.[73] Ebenso erzeugt das Vorbehandeln und die Wärmezufuhr Gefüge- und Oberflächenverletzungen. Diese erhöhen die Korrosionsneigung der Punktschweißstelle und führen schlimmstenfalls zum Bruch.[74]

---

[70] Vgl.: Koether, Reinhard/Rau, Wolfgang (2008): Fertigungstechnik für Wirtschaftsingenieure. S. 190.
[71] Vgl.: Kurz, Ulrich/Hintzen, Hans/Laufenberg, Hans (2009): Konstruieren, Gestalten, Entwerfen. S. 147.
[72] Vgl.: Fritz, A. Herbert/Schulze, Günter (2010): Fertigungstechnik. S. 199 – 201.
[73] Vgl.: Ostermann, Friedrich (1992): Aluminium – Werkstofftechnik für den Automobilbau. S. 94.
[74] Vgl.: Fachwissen Technik (2011): Schweißen. http://www.fachwissen-technik.de/verfahren/schweissen.html [Stand 20.04.2011].

Das Clinchen ermöglicht Verbindungen mit Einzelblechdicken von 0,1mm bis 11mm.[75] Schweißpunkte werden in der Regel bei Werkstückdicken von 0,2mm bis 2,5mm gesetzt, sind aber bis zu 8mm möglich.[76] Beide Verfahren sind somit für die Dünnblechverarbeitung geeignet. Punktschweißen hat allerdings auf diesem Sektor einen Automatisierungsgrad von über 70% erreicht und ist somit der größte Anwender von Industrierobotern.[77]

Der Fügeelementdurchmesser eines gesetzten Schweißpunktes liegt meist bei 4mm bis 6mm, abhängig von der Elektrodengröße die durch den Anpressdruck einen Abdruck in der Größe der Schweißlinse hinterlässt.[78] Die Werkzeugsätze des Clinchens lassen Durchmesser von 3mm bis hin zu 10mm zu. Clinchen bietet somit eine breitere Spannweite an Fügeelementgrößen.[79] Jedoch hinterlassen Clinchpunkte verfahrensbedingte geometrische und konstruktive Unebenheiten, das heißt, sie ragen, mit Ausnahme beim Flachpunktclinchen, über die Bauteiloberfläche matrizenseitig heraus.[80]

Die für die Tragfähigkeit entscheidende Scher- und Kopfzugkraft (statische Belastbarkeit) ist bei Punktschweißverbindungen eindeutig höher. Vergleicht man zum Beispiel einen geschweißten und einen geclinchten Fügepunkt von 5,5mm Durchmesser, so liegt die Scherzugfestigkeit des Clinchpunktes nur bei 80% von der des Schweißpunktes.[81]
Bessere dynamische Belastbarkeiten sind durch Clinchen erzielbar. Die Stoßbelastbarkeit ist jedoch bei beiden als weniger gut zu bezeichnen.[82]

Um die gewünschte Verbindungsqualität einer Schweißfügestelle sicher zu stellen, sollte das Ausführen von Punktschweißarbeiten, neben den entsprechenden Maschinen und Werkzeugen, über erfahrenes und geübtes Fachpersonal erfolgen bzw. überwacht werden. Ein qualitatives, zerstörungsfreies Prüfen eines

---

[75] Vgl.: TOX® Pressotechnik, Technische Unterlage (2011): TOX® Standards. In: TOX® Verbindungssysteme. S. 3.
[76] Vgl.: Fritz, A. Herbert/Schulze, Günter (2010): Fertigungstechnik. S. 204.
[77] Vgl.: Koether, Reinhard/Rau, Wolfgang (2008): Fertigungstechnik für Wirtschaftsingenieure. S. 204.
[78] Vgl.: Metall Informationen (2011): Punktschweißen. Punktschweißverfahren. http://metall-infos.de/metall-lexikon/punktschweissen.html [Stand 25.04.2011].
[79] Vgl.: Böllhoff, Technische Unterlage (2009): Der RIVCLINCH® Baukasten. In: RIVCLINCH®. S. 11.
[80] Vgl.: Matthes, Klaus-Jürgen/Riedel, Frank (2003): Fügetechnik. S. 246.
[81] Vgl.: Ostermann, Friedrich (1992): Aluminium – Werkstofftechnik für den Automobilbau. S. 95.
[82] Vgl.: Böllhoff, Technische Unterlage (2009): Verbindungstechniken im Vergleich. In: RIVCLINCH®. S. 6.

Schweißpunktes auf Fehler ist nur mit sehr hohem Aufwand, wie Röngten und Ultraschall möglich.[83]

Dem gegenüber steht, wie bereits im Unterkapitel Verbindungsqualität erläutert, die zerstörungsfreie und jederzeit messbare Ermittlung des aussagekräftigen Kennwertes der Restbodendicke t_B einer Clinchverbindung. Zur Erfassung des Kennwertes Hinterschneidung d_H ist jedoch die Zerstörung der Verbindung mittels Querschnitt nötig.[84]

Wie auch beim Punktschweißen sind für das Clinchen entsprechende Werkzeuge und Maschinen nötig, dennoch kann der Fügevorgang beziehungsweise dessen Überwachung durch angelerntes Personal erfolgen.

3.2.2 Clinchen – mäßige Akzeptanz im industriellen Einsatz

Wie nun festgestellt werden kann, bietet das Clinchen einiges an Vorzügen. Nicht nur wegen der kostengünstigeren Verarbeitung sondern auch, weil es ein umweltfreundlicheres und innovativeres Verfahren als das Punktschweißen ist. Daraus ergibt sich die Frage, warum das Clinchen noch immer nicht die gleiche beziehungsweise eine höhere Anwendungsakzeptanz wie das Punktschweißen erfährt.

Wie so oft spielt die wirtschaftliche Komponente in diesem Fall eine große Rolle. Clinchen ist grundsätzlich in der Anschaffung und im Linienbetrieb günstiger, da die einfach Anwendung, die wegfallenden Nacharbeiten und kurze Fertigungszeiten ausgesprochen Ressourcenschonend sind.[85]

Punktschweißen ist hingegen in der Linienfertigung teurer, wurde aber in letzten Jahrzehenten, aus Mangel an Alternativen, einem sehr hohen Automatisierungsgrad zugeführt. Mit 70% ist das Punktschweißen führend in der Anwendung von Industrierobotern.[86] Demzufolge haben Unternehmen sehr hohe Investitionen in neue oder bestehende Anlagen getätigt und werden diese, aus

---

[83] Vgl.: Fachwissen Technik (2011): Schweißen. http://www.fachwissen-technik.de/verfahren/schweissen.html [Stand 20.04.2011].
[84] Vgl.: Kurz, Ulrich/Hintzen, Hans/Laufenberg, Hans (2009): Konstruieren, Gestalten, Entwerfen. S. 174.
[85] Vgl.: Böllhoff, Technische Unterlage (2009): Wirtschaftlichkeit der RIVCLINCH® Fügetechnologie. In: RIVCLINCH®. S. 7.
[86] Vgl.: Koether, Reinhard/Rau, Wolfgang (2008): Fertigungstechnik für Wirtschaftsingenieure. S. 204.

verständlichen ökonomischen Gründen, nicht vor Ende der Lebenszeit ausrangieren.

Wie die Abbildung 12 zeigt, ist die dynamische Dauerbelastbarkeit eines Clinchpunktes um einiges besser als die eines Schweißpunktes. Durch den Wegfall des thermischen Einflusses ergibt sich ein belastbareres Fügeelement, mit einer längeren Lebensdauer.[87] Die statische Belastbarkeit einer Clinchverbindung liegt hingegen nur bei etwa 75% bis 80% einer Punktschweißverbindung.[88]
In Zeiten von kurzen Produktlebenszyklen streben Unternehmen nach mehr Gewinnen durch höhere Verkaufszahlen. Das Clinchen erscheint unter diesen Aspekten als zu langlebig und bietet gegenüber dem Schweißpunkt eine geringere statische Tragfähigkeit (Sicherheitsbedürfnis der Kunden), als bei den heutigen kurzen Lebenszyklen gewünscht.

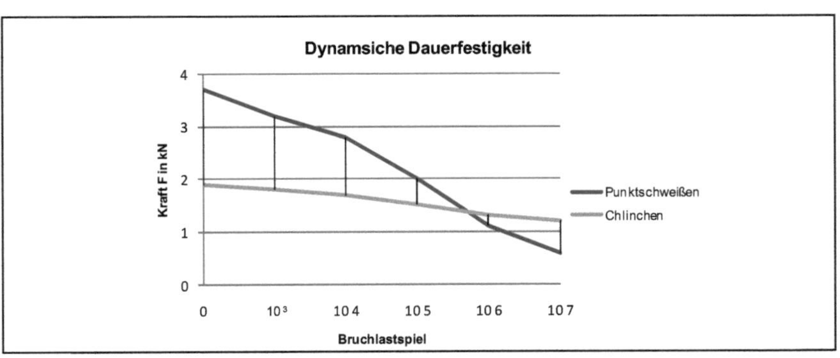

Abb. 12:   Dynamische Dauerfestigkeit im Vergleich[89]

Ein weiterer Konkurrent des Clinchens ist das Kleben. Das Kleben hat in den letzten Jahren einen enormen Aufschwung erlebt und ist heute so gut wie in allen Industriezweigen vertreten. Neben dem Flugzeugbau kommt Kleben in jüngerer Zeit immer häufiger im Straßen- und Schienenfahrzeugbau, sowie im Maschinenbau und im Bereich der Elektronik und Elektrotechnik zum Einsatz.[90]

---

[87] Vgl.: Böllhoff, Technische Unterlage (2009): Eine Verbindung, die hält, was sie verspricht!. In: RIVCLINCH®. S. 8
[88] Vgl.: Ostermann, Friedrich (1992): Aluminium – Werkstofftechnik für den Automobilbau. S. 95.
[89] Verändert übernommen aus: Böllhoff, Technische Unterlage (2009): Eine Verbindung, die hält, was sie verspricht!. In: RIVCLINCH®. S. 8.
[90] Vgl.: Habenicht, Gerd (2009): Kleben. Grundlagen, Technologien, Anwendungen. 6. aktualisierte Auflage. Berlin/Heidelberg: Springer. S. 739.

Durch neue Technologien in der Wirkungsweise des Zusatzwerkstoffes Kleber, sind selbst metallische Verbindungen problemlos herzustellen. Clinchen und Kleben sind sich in vielen Punkten ähnlich. Es kommt zu keiner thermischen Gefügebeeinflussung, die Möglichkeit von unterschiedlichen Materialkombinationen und -dicken, Gewichtsersparnis im Leichtbau und eine gute Automatisierbarkeit. Jedoch hat das Kleben den entscheidenden Vorteil, dass die dynamische Festigkeit um einiges höher ist als bei Clinchverbindungen. Der Grund dafür ist, die gleichmäßige Spannungsverteilung durch den großflächigen Auftrag und damit einhergehende gelichmäßige, großflächige Verbindung. Somit kann das Entstehen von Dauerbruchstellen fast völlig ausgeschlossen werden, was vor allem bei Geräten und Maschinen mit hohen Schwingbelastungen von großer Bedeutung ist.[91]

Die logische Folgerung daraus ist, das Kleben aufgrund seines hohen Technologiesierungsgrades, der guten Automatisierbarkeit und den dadurch geringen nötigen Personalressourcen, dem nicht vorhandenen Werkzeugverschleiß und der Bruchsicherheit, ein zeit- und kostensparendes Verfahren ist, dass sich zunehmend größerer Beliebtheit in der verbauenden Industrie erfreut.

3.2.3 Clinchen in der praktischen Anwendung

Trotz der weiten Verbreitung vieler anderer Fügeverfahren ist Clinchen aus der industriellen Fertigung nicht mehr weg zu denken.

Clinchen findet durch sein oberflächenverletzungsfreies Verfahren Anwendung in der Automobilherstellung, bei Haushaltsgeräten und im elektrotechnischen Bereich. So werden zum Beispiel Motorhauben, Motorlager, Schiebdachrahmen, Handbremsenhebel, Bremsscheibenabdeckungen, Fensterheber und Teile von Autositzen mittels Clinchen einer Verbindung zugeführt. Im Haushalt findet man Clinchverbindungen bei Waschmaschinen- und Standherdgehäusen, sowie in den Führungsschienen von Küchenschubladen. Spezielle Clinchverfahren wie der Micropunkt ermöglichen die Herstellung von Miniatur-Elektrokontakten.[92]

---

[91] Vgl.: Habenicht, Gerd (2009): Kleben. S. 254 f.
[92] Vgl.: TOX® Pressotechnik, Technische Unterlage (2011): TOX® Standards. In: TOX® Verbindungssysteme. S. 2 f.

Bereits um die Jahrtausendwende war ein vermehrter Einsatz der mechanischen Fügetechniken in der europäischen Automobil- und in der nordamerikanischen Nutzfahrzeugindustrie zu verzeichnen. Federführend in Europa waren vor allem Audi mit ihren Modellen A2 und A8 und Mercedes Benz mit der S-Klasse.[93]

Führende Automobilhersteller sehen Clinchen als Schlüsseltechnologie der Zukunft im Karosserieleichtbau an. Der Trend zu Hybridkarosserien im Leichtbau bedarf thermisch nicht beeinflussender Fügeverfahren wie dem Clinchen. Am Beispiel des Modells Audi TT Coupé (2009) lässt sich erkennen, dass der Clinchanteil gegenüber dem Vorgängermodell stark zunahm. Im Audi finden sich 174 Clinchpunkte, davon 54 über robotergeführte Zangen an der Karosserie gesetzt, wieder. Laut Expertenmeinung ist abzusehen, dass in Zukunft der Anteil der Clinchpunkte im Karosseriebereich weiter zunehmen wird, da das Schweißen von Aluminiumverbindungen zunehmend zurückgefahren wird.[94]

Clinchen eignet sich sehr gut für die Herstellung von Miniatur-Bauteilen, die in der Elektronik, der Elektrotechnik, der Mechatronik und in der Mikrosystemtechnik benötigt werden. Die Möglichkeit Stähle, Aluminium, Kupfer oder Messing mit einer Dicke von 0,1mm bis 1,1mm sicher und rationell zu verbinden, machen Clinchen zu einem idealen Fügeverfahren auf diesem Gebiet.[95]
Des Weiteren belegt eine Studie des Fraunhofer Instituts zum Thema werkstoff- und funktionsgerechter Leichtbau mit Magnesium, dass Clinchen auch in diesem Bereich als qualifiziertes Fügeverfahren anzusehen ist.[96]

Neben der vorhin bereits erwähnten Verarbeitung in Haushaltsgeräten wie bei Waschmaschinen und Geschirrspülern kommt Clinchen noch in der Heizungs-, Klima- und Lüftungstechnik, sowie in der Filterherstellung zum Einsatz.[97]

---

[93] Vgl.: Hahn, Ortwin/Dölle, Norbert/Rohde, Andreas (2001): Innovatives Konzept für Mischbauweisen im Fahrzeugbau. Stanznieten von Stahl und Aluminium. In: ATZ Automobiltechnische Zeitschrift 2001/2. Heft 103. Wiesbaden: Springer Automotive Media. S. 146.
[94] Vgl.: Schlott, Stefan (2009): Leichtbau treibt mechanisches Fügen. http://www.atzonline.de/Aktuell/Nachrichten/1/9682/Leichtbau-treibt-mechanisches-Fuegen.html [Stand 27.04.2011].
[95] Vgl.: Reich, Stefanie (2010): Clinchen. Angepasste Clinchtechniken zum Fügen von kleinen Bauteilen. http://www.blechnet.com/themen/trenntechnik-verbindungstechnik/articles/273298 [Stand 27.04.2011].
[96] Vgl.: Götz, Thomas (2004): Impulse für Einsatz von Magnesium in Leichtbaukonstruktionen. http://www.innovations-report.de/html/berichte/materialwissenschaften/bericht-30467.html [Stand 27.04.2011].
[97] Vgl.: Böllhoff, Technische Unterlage (2009):Werkzeugkopf-Automation. In: RIVCLINCH®. S. 16.

4 Schlussfolgerung

Die in den Kapiteln zuvor bearbeiteten Informationen bieten eine gute Basis für einen Ausblick in die Zukunft des Clinchens.

Wie im Vorfeld beschrieben, ist Clinchen eine ökonomisch und technologisch gute Alternative zu den alt her bekannten thermischen Fügeverfahren. Durch das hilfsstoff- und chemikalienfreie Verfahren, bietet es auch auf der ökologischen Seite eine vertretbare Lösung. Dies und die fast uneingeschränkten Werkstoffkombinationen in unterschiedlichen Stärken werden das Clinchen, auch in Kombination mit dem immer verbreiterderen Kleben, zu einem der zentralen Fügeverfahren in der verbauenden Industrie machen.

Neben den mannigfaltigen Anwendungsmöglichkeiten in der Metallverarbeitung ist es durchaus vorstellbar, das Clinchen auch in der verarbeitenden Industrie zum Einsatz kommt. Aufgrund der Verfahrensweise und der aktuell bekannten Anwendungen ist die Verarbeitung von Textilien und Leder, im Bekleidungs- und Technikbereich durchaus vorstellbar. Dabei könnten mittels Nadel und Faden oder Kleber hergestellte Nähte, durch Clinchpunkte, vermutlich in einer adaptierten Form mit oder ohne Klebeanteil, ersetzt werden. Auch bei Kunststoffverbindungen ist die Anwendung des Clinchens eine Alternative zum Erhitzen, Kleben oder Schrauben, die es weiter zu forcieren gilt. Wiederum besteht überall die Möglichkeit der Materialkombination, die sich durch das Verfahren problemlos verwirklichen ließe.

Zusammenfassend kann festgestellt werden, das Clinchen ein innovatives, rationelles und langlebiges Fügeverfahren ist, das verstärkt einen Platz in der industriellen Fertigung einnehmen wird. Geht man von Expertenprogosen aus, so werden zukünftig immer mehr Produkte des täglichen Lebens, aber auch Spezialprodukte, wie Flugzeuge, Schwermaschinen oder Funktionstextilien, mittels Clinchpunkt eine dauerhafte Verbindung eingehen.

5 Literaturverzeichnis

Bücher und Zeitschriften

Dilthey Ulrich (2006)   Dilthey, Ulrich (2006): Schweißtechnische Verfahren. 1. Schweiß- und Schneidetechnologie. 3. bearbeitete Auflage. Berlin/Heidelberg: Springer

Fritz, A. Herbert/Schulze, Günter (2010)   Fritz, A. Herbert/Schulze, Günter (2010): Fertigungstechnik. 9. neu bearbeitete Auflage. Berlin/Heidelberg: Springer

Habenicht, Gerd (2009)   Habenicht, Gerd (2009): Kleben. Grundlagen, Technologien, Anwendungen. 6. aktualisierte Auflage. Berlin/Heidelberg: Springer

Hahn, Ortwin/Dölle, Norbert/Rohde, Andreas (2001)   Hahn, Ortwin/Dölle, Norbert/Rohde, Andreas (2001): ATZ Automobiltechnische Zeitschrift 2001/2. Heft 103. Wiesbaden: Springer Automotive Media

Hinzen, Hubert (2007)   Hinzen, Hubert (2007): Maschinenelemente 1. 2. Auflage. München: Oldenbourg Wissenschaftsverlag GmbH

Koether, Reinhard/Rau, Wolfgang (2008)   Koether, Reinhard/Rau, Wolfgang (2008): Fertigungstechnik für Wirtschaftsingenieure. 3. aktualisierte Auflage. München: Hanser

Künne, Bernd (2001)   Künne, Bernd (2001): Einführung in die Maschinenelemente. Gestaltung, Berechnung, Konstruktion. 2. Auflage. Stuttgart/Leipzig/Wiesbaden: B. G. Teubner GmbH

Kurz, Ulrich/Hintzen, Hans/Laufenberg, Hans (2009)   Kurz, Ulrich/Hintzen, Hans/Laufenberg, Hans (2009): Konstruieren, Gestalten, Entwerfen. Ein Lehr- und Arbeitsbuch für das Studium der Konstruktionstechnik. 4. Auflage. Wiesbaden: Vieweg + Teubner/GWV Fachverlage GmbH

Matthes, Klaus-Jürgen/Riedel, Frank (2003)   Matthes, Klaus-Jürgen/Riedel, Frank (2003): Fügetechnik. Überblick, Löten, Kleben, Fügen durch Umformen. 2. verbesserte Auflage. München/Wien: Hanser

Ostermann, Friedrich (1992)   Ostermann, Friedrich (1992): Aluminium – Werkstofftechnik für den Automobilbau. 1. Auflage. Ehningen bei Böblingen: expert Verlag (= Kontakt & Studium. Werkstoffe 375)

Ostermann, Friedrich (2007)   Ostermann, Friedrich (2007):
Anwendungstechnologie Aluminium. 2. neu bearbeitete und aktualisierte Auflage.
Berlin/Heidelberg: Springer

Spur, Günter/Stöferle, Theodor (1986)   Spur,
Günter/Stöferle, Theodor (1986): Handbuch der Fertigungstechnik. Band 5. Fügen,
Handhaben und Montieren. 1. Auflage. München/Wien: Hanser

Internetquellen

aluMATTER (2010)   aluMATTER (2010): Mechanische Fügetechniken:
Einführung. http://aluminium.matter.org.uk/content/html/GER/default.asp?catid=
48&pageid=2144416964 [Stand 18.04.2011]

aluMATTER (2010)   aluMATTER (2010): Mechanische Fügetechniken:
Einführung. http://aluminium.matter.org.uk/content/html/GER/default.asp?catid=
48&pageid=2144416964 [Stand 18.04.2011]

aluMATTER (2010)   aluMATTER (2010): Charakterisierung des
herkömmlichen Nietens. http://aluminium.matter.org.uk/content/html/GER/
default.asp?catid=48&pageid=2144416967 [Stand 18.04.2011]

aluMATTER (2010)   aluMATTER (2010): Charakterisierung des
Blindnietens. http://aluminium.matter.org.uk/content/html/GER/default.asp?catid=
48&pageid=2144416966# [Stand 18.04.2011]

aluMATTER (2010)   aluMATTER (2010): Charakterisierung des
Blindnietens. http://aluminium.matter.org.uk/content/html/GER/default.asp?catid=
48&pageid=2144416966# [Stand 18.04.2011]

aluMATTER (2010)   aluMATTER (2010): Charakterisierung des
Stanznietens. http://aluminium.matter.org.uk/content/html/GER/default.asp?catid=
48&pageid=2144416968 [Stand 18.04.2011]

aluMATTER (2010)   aluMATTER (2010): Einführung in den Clinchsystemen.
http://aluminium.matter.org.uk/content/html/ger/default.asp?catid=48&pageid=214
4416970 [Stand 18.04.2011]

aluMATTER (2010)   aluMATTER (2010): Definition von Clinchverbindungen.
http://aluminium.matter.org.uk/content/html/ger/default.asp?catid=48&pageid=214
4416986 [Stand 18.04.2011]
[Stand 27.04.2011]

Bänder, Bleche, Rohre (2000)   Bänder, Bleche, Rohre (2000): Garantie für
festen Zusammenhalt. Mit Nieten und Clinchen zu modernen Leichtbaustrukturen.
http://www.bbr.de/index.cfm?pid=1459&pk=12428 [Stand 12.04.2011]

Fachwissen Technik (2011)   Fachwissen Technik (2011): Definition des
Begriffes Fertigungsverfahren. http://www.fachwissen-
technik.de/verfahren/fertigungsverfahren.html [Stand: 7.04.2011]

Fachwissen Technik (2011)   Fachwissen Technik: Einteilung der
Fertigungsverfahren nach DIN 8580. http://www.fachwissen-
technik.de/verfahren/fertigungsverfahren.html [Stand 7.04.2011]

Fachwissen Technik (2011)   Fachwissen Technik (2011): Einteilung der Schweißverfahren. http://www.fachwissen-technik.de/verfahren/schweissen.html [Stand 12.04.2011]

Fachwissen Technik (2011)   Fachwissen Technik (2011): Fertigungsverfahren Fügen. http://www.fachwissen-technik.de/verfahren/fertigungsverfahren-fuegen.html [Stand 16.04.2011]

Fachwissen Technik (2011)   Fachwissen Technik (2011): Schweißen. http://www.fachwissen-technik.de/verfahren/schweissen.html [Stand 20.04.2011]

Götz, Thomas (2004)   Götz, Thomas (2004): Impulse für Einsatz von Magnesium in Leichtbaukonstruktionen. http://www.innovations-report.de/html/berichte/materialwissenschaften/bericht-30467.html [Stand 27.04.2011]

IFUM Institut für Umformungstechnik und Umformungsmaschinen (2011)
     IFUM Institut für Umformungstechnik und Umformungsmaschinen (2011): Forschung. Blechumformung. Mechanisches Fügen. http://www.ifum.uni-hannover.de/index.php?id=156 [Stand 18.04.2011]

Metall Informationen (2011)   Metall Informationen (2011): Punktschweißen. Punktschweißverfahren. http://metall-infos.de/metall-lexikon/punktschweissen.html [Stand 25.04.2011]

Metalltechnik Lexikon (2011)   Metalltechnik Lexikon (2011): Durchsetzfügen. http://www.metalltechnik-lexikon.de/durchsetzfuegen/ [Stand 12.04.2011]

Reich, Stefanie (2010)   Reich, Stefanie (2010): Clinchen. Angepasste Clinchtechniken zum Fügen von kleinen Bauteilen. http://www.blechnet.com/themen/trenntechnik-verbindungstechnik/articles/273298 [Stand 27.04.2011]

Schlott, Stefan (2009)   Schlott, Stefan (2009): Leichtbau treibt mechanisches Fügen.   http://www.atzonline.de/Aktuell/Nachrichten/1/9682/Leichtbau-treibt-mechanisches-Fuegen.html

Sonstige Quellen

Böllhoff, Technische Unterlage (2009)   Böllhoff, Technische Unterlage (2009): RIVCLINCH®. Geräte und Systeme zur Verbindung von Blechen und Profilen ohne Fügeelement. N: 6780/09.01

TOX® Pressotechnik, Technische Unterlage (2011)   TOX® Pressotechnik, Technische Unterlage (2011): TOX® Verbindungssysteme. N: 80.200102.de